DEUX CAS

DE

TUMEURS DE LA VESSIE

PAR

LE DOCTEUR M. RAFIN

Médecin de la clinique des voies urinaires du Dispensaire général de Lyon,
Ex-chef de clinique chirurgicale à la Faculté de médecine,
Membre de la Société des Sciences médicales.

LYON

ASSOCIATION TYPOGRAPHIQUE

F. PLAN, rue de la Barre, 12.

—

1891

DEUX CAS

DE

TUMEURS DE LA VESSIE

PAR

Le Docteur M. RAFIN

Médecin de la clinique des voies urinaires du Dispensaire général de Lyon,
Ex-chef de clinique chirurgicale à la Faculté de médecine,
Membre de la Société des Sciences médicales.

LYON

ASSOCIATION TYPOGRAPHIQUE

F. Plan, rue de la Barre, 12.

—

1891

DEUX CAS

DE

TUMEURS DE LA VESSIE

J'ai eu récemment l'occasion d'observer deux malades atteints de tumeurs de la vessie. J'ai opéré l'un d'entre eux avec succès ; le second est mort de pyélo-néphrite suppurée avant que l'intervention fût jugée praticable.

OBSERVATION I. — F..., tisseur, 56 ans, demeurant à Lyon, montée de la Grand'Côte, 9, se présenta à la consultation de mon collègue le docteur Savy, pour une hématurie.

M. le docteur Savy me l'adressa aussitôt à la consultation pour les maladies des voies urinaires du Dispensaire général de Lyon.

F... a un passé pathologique fort simple : il n'est pas alcoolique, il n'a jamais eu aucune affection vénérienne, ni urinaire ; marié, il est père de quatre enfants, dont un est mort du croup et les autres sont en bonne santé.

Il y a deux ans, il s'aperçut qu'il avait de la peine à uriner, les mictions étaient un peu plus fréquentes, non douloureuses, et l'urine contenait un peu de sang. L'hématurie se présentait d'abord à des intervalles assez éloignés, tous les deux à trois mois, pendant quatre à cinq jours, puis à des intervalles moins considérables. Depuis le mois de mai 1889, il pisse du sang tous les quinze jours environ.

Enfin, au moment où il vient me consulter pour la première fois, le 25 juillet 1890, le malade pisse du sang depuis trois semaines sans interruption. Le sang sort surtout quand il a fini d'uriner. Parfois l'urine est mélangée de caillots assez volumineux qui obstruent l'urèthre momentanément. Les mictions s'opèrent toutes les heures et demie environ. Toutefois, il ne se lève pas la nuit pour uriner.

J'examine le malade : il n'offre rien à la palpation des reins ; par le toucher rectal on ne sent rien à la vessie ; la prostate est peu volumineuse. Rien au cordon, l'épidydime du côté gauche offre de légères nodosités au niveau de sa tête. Varices peu développées des membres inférieurs. Cet examen terminé, le malade urine devant moi : l'urine est acide, trouble, avec une légère teinte rosée, très accentuée vers la fin de la miction.

L'état général est assez bon ; la teinte est pâle, légèrement ictérique.

Comme traitement : Salol, 2 grammes par jour, dans le but de préparer le malade à une exploration.

26 juillet. Le malade urine du sang presque pur, des caillots obstruent fréquemment le canal et le malade urine avec difficulté.

28 juillet. Rétention d'urine. Je suis obligé de le sonder avec une sonde de Nélaton.

Jusqu'au 8 août, le malade est obligé de se sonder de temps en temps ; l'hématurie continue ; des lavages avec la solution de tannin à 2 °/° n'amènent pas de diminution de la perte du sang. Je le fais uriner devant moi, et je constate à plusieurs reprises qu'après l'expulsion d'une urine contenant du sang en quantité variable, il sort de la vessie du sang pur.

Maintenant, le malade est très affaibli, l'hématurie est moins abondante, néanmoins la coloration rouge de l'urine est toujours plus marquée à la fin de la miction.

Je diagnostique une tumeur de la vessie et je propose l'intervention.

9 août 1890. Je pratique l'opération à la Maison chirurgicale avec l'aide de MM. les docteurs Bertrand, Chambard-Hénon, Laguaite et Poullet. M. le docteur Bertrand et M. Guillet, électricien à Lyon, tiennent à ma disposition le galvanocautère et une lampe électrique de 30 bougies.

Je procède d'abord à un lavage complet de la vessie avec de l'eau aseptique, puis je l'explore avec l'explorateur métallique de Guyon. A la face antérieure, je ne sens rien d'anormal ; à la face inférieure du côté gauche le bec de l'instrument est arrêté, et quand on veut continuer le mouvement de rotation de gauche à droite, il faut le déplacer dans le sens antéro-postérieur.

Je pratique la taille hypogastrique à l'ordinaire, en utilisant le ballon de Petersen, et la distension vésicale à l'aide d'une injection de 200 gr. d'eau. Avant l'incision de la vessie, je laisse la plaie sous l'influence d'un bain phéniqué à 5 °/° pendant quelques minutes, et sitôt l'incision vésicale faite, un aide renverse sur la plaie et la cavité vésicale un ballon de trois litres d'eau stérilisée, de façon à entraîner au dehors tous les éléments septiques qui pourraient être contenus dans la vessie.

La plaie a environ 6 centimètres de long. Je place deux fils suspenseurs, l'un à droite, l'autre à gauche ; je fixe les écarteurs de Bazy en haut et en bas, des écarteurs de Farabœuf à droite et à gaucha (tout en maintenant légèrement tendus les fils compresseurs), et alors, avec l'aide de la lumière électrique, la tumeur se présente avec une grande netteté.

Elle est située à la partie inférieure de la face postérieure, et à gauche.

Elle est d'un volume un peu supérieur à celui d'un œuf de pigeon, de couleur rouge, plus foncée que le reste de la muqueuse vésicale. Sa surface est constituée par une série de petites masses irrégulières, dans le genre des cônes constituants d'une framboise, mais mieux séparés et plus saillants. Elle se détache en relief sur la paroi vésicale. Sa base d'implantation n'est guère moins large que le reste de la tumeur. Elle saigne, mais non pas d'une façon alarmante. J'essaye d'appliquer une anse galvanique, mais son application offre des difficultés ; je saisis la masse avec des pinces, elle se déchire ; je me résous à la morceler avec les doigts et à l'enlever ainsi par fragments. Quand elle est à peu près entièrement arrachée, je saisis à l'aide d'une longue pince hémostatique un point du bord de sa base d'implantation situé au niveau de la partie supérieure, je l'attire ainsi et la présente à la curette. Je me sers de la curette tranchante de Sims, et au bout de peu d'instants, j'en arrive à attaquer les fibres musculaires. Cela fait, je termine en cautérisant toute cette surface à l'aide du galvanocautère. J'étends la cautérisation de façon à atteindre la muqueuse saine pour être sûr de dépasser les limites du mal.

Pendant tout ce temps, j'ai laissé le ballon gonflé dans le rectum, car il m'a paru très utile pour soulever la paroi vésicale et la rapprocher de mes yeux et de mes instruments.

A ce moment, l'ablation du néoplasme étant terminée, j'explore avec l'œil et le doigt la muqueuse vésicale, et j'y parvient en soulevant et en déprimant, mais non sans quelque difficulté, surtout sur les parties latérales du trigone ou se forme, probablement à cause du ballon, une sorte de cul-de-sac, je ne découvre aucune tumeur ni aucune induration.

Le ballon est dégonflé. Trois ou quatre points de suture de Lembert diminuent l'étendue de l'incision dans sa partie supérieure, ces points sont difficiles à placer en raison de la grande minceur de la paroi vésicale. Trois points de suture réunissent les grands droits à la partie supérieure de l'incision, et après avoir introduit une mèche de gaze iodoformée entre la peau et les muscles, je suture la peau.

J'enlève les fils suspenseurs et le ballon, je place le tube de Perrier, à courbure de Guyon, je l'entoure au niveau de la plaie vésicale avec de la gaze iodoformée, et je termine en appliquant un pansement à la gaze et au coton aseptique, compressif au-dessus de la vessie.

L'opération a duré une heure et quart. Le malade est très pâle et le pouls très faible.

Peu après son réveil, il se plaint de souffrir au niveau de la verge qui lui paraît comprimée, et il a des envies fréquentes d'uriner, de la cuisson.

Les tubes fonctionnent bien, il est à remarquer qu'au moment du ténesme l'écoulement d'urine par les tubes est un peu plus abondant.

Le soir, température axillaire, 38°,3. Même douleur. Suppositoire calmant.

10 août. La nuit a été bonne et les douleurs ont à peu près disparu. Les intermittences dans l'écoulement du liquide par le tubes sont très rares et moins prononcées.

Le pansement étant mouillé, je le refais. — Salol, 4 grammes. L'urine est un peu rosée. — Temp. rectale, le soir, 38,6. Le ventre est un peu sensible.

11 août. État général satisfaisant. T. R., le matin, 38°; le soir, 38°,2.

Les urines sont plus abondantes, elles sont toujours teintées de rouge ; mais peut-être leur coloration foncée est due en partie au salol.

16 août. Depuis deux jours l'urine est claire. Le soir la température n'atteint pas 38°.

J'enlève les tubes de Perrier et la gaze ; je découvre une plaie très belle et bourgeonnante. J'essaye, mais sans pouvoir y parvenir, d'introduire une sonde par le canal.

17 août. Je place une sonde à demeure n° 17.

22 août. L'urine passe en grande partie par la plaie abdominale.

Je rempalce la sonde par un n° 18.

28 août. L'écoulement de l'urine continue à se faire par la plaie ; il est du reste fort variable. Suivant les jours, il en passe parfois beaucoup par la sonde, quelquefois peu et même pas du tout.

Depuis hier il n'en est pas sorti par la plaie (19e jour). La plaie bourgeonne et se rétrécit. L'état général est bon.

2 septembre. Le malade allant à la selle est pris d'une envie violente d'uriner; il urine autour de sa sonde. J'enlève la sonde (24e jour) : il urine aussitôt abondamment.

29 septembre. La plaie est cicatrisée. Il urine deux fois la nuit et trois fois le jour. Il quitte la Maison chirurgicale. L'urine est un peu trouble, je lui conseille du salol.

Décembre. Le malade revient me voir après une cure de lait. Les urines sont normales.

Observation II. — M. X..., âgé de 66 ans, demeurant à Lyon, rue Romarin, me fit appeler le 31 octobre 1890. Ce malade, à part l'affection dont il souffre actuellement, a toujours joui d'une bonne santé ; il n'a eu en particulier ni blennorrhagie ni gravelle.

Depuis dix ans il se lève la nuit pour uriner.

Depuis quatre ans il pisse du sang. A ce moment l'hématurie continue ; depuis deux jours il a des frissons intenses, l'appétit est perdu, la langue rouge dépouillée de son épithélium.

Je l'examine et ne trouve rien à noter du côté des reins, de la vessie et de la prostate simplement un peu hypertrophiée, des testicules et du cordon.

Je le fis uriner devant moi : l'urine d'abord simplement troublée par le pus, devient rouge, rutilante à la fin de la miction.

Je le sonde et constate qu'il n'y a pas de rétention, et que la vessie se vide complètement.

Il entre à la Maison chirurgicale le 2 novembre. Pendant le peu de jours qui précédèrent sa mort, je pus à plusieurs reprises constater que l'hématurie était réellement terminale.

Les urines en quantité variable, d'un litre et demi à deux litres et demi, étaient en somme un mélange de sang et de pus. L'état général était toujours très grave ; il y avait de la toux, de la diarrhée et même de la perte de la mémoire. L'urine contient des cellules d'apparence cancéreuses.

Dans le but de modifier la purulence des urines, je fis quelques ins·tillations au nitrate d'argent à 2 °/₀.

Néanmoins, l'état général ni local ne fut amélioré ; la température vespérale oscillait entre 38°,5 et 38°,9, et le malade succomba le 8 novembre.

Je fus assez heureux pour obtenir de la famille l'autorisation de faire l'autopsie, et voici ce que je constatai :

La vessie est petite, épaisse, et en la palpant avant de l'ouvrir, rien ne pourrait faire croire à l'existence d'une tumeur.

En l'ouvrant, je constate que ses parois ont une épaisseur notable, et qu'elle est pleine de pus sans une goutte de sang.

Sur le bord latéral gauche, à la partie inférieure, empiétant sur la face antérieure et sur la face postérieure, se trouve une tumeur. Elle fait une saillie de 8 à 10 millimètres, n'est nullement pédiculée ; sa forme est allongée, et son étendue égale celle d'une pièce de deux francs au moins. La surface est d'un rouge piqueté, et elle ne présente des villosités qu'au niveau de son prolongement supérieur, sur une étendue d'un centimètre carré à peine. A la coupe, elle est fibreuse, blanche, sans suc; elle pénètre dans l'épaisseur de la paroi musculaire qui ne représente plus en ce point qu'une faible épaisseur.

Sauf du côté de la périphérie, où ses limites sont un peu indécises, elle tranche nettement par sa couleur sur le reste de la paroi, dans laquelle elle semble enchassée.

An niveau du trigone, à droite, près de l'ouverture de l'uretère, se trouve une autre tumeur, petite, de l'étendue d'un centimètre carré à peine, de forme allongée, en saillie de quelques millimètres, et recouverte de villosités.

Le reste de la muqueuse est rouge, et dans quelques points notamment, vers le milieu de la face postérieure, cette congestion a rendu la muqueuse turgescente, et l'on se demande si l'on a affaire à des villosités très fines ou à des varicosités avec de petits grains blancs analogues à des sudaminas.

Le rein droit est de dimension moyenne, un peu rouge, et présente à sa périphérie de petites taches blanches, abcès en voie de formation. Le gauche est gros, et renferme des abcès nombreux dans son épaisseur et au niveau des calices. Les lésions sont incomparablement plus prononcées à gauche qu'à droite.

L'uretère du côté gauche est double sur toute son étendue, depuis le rein jusqu'à la vessie. L'orifice uretéro-vésical de ce côté est également double, et les deux orifices forment deux sillons adossés et séparés par une cloison. Du côté droit l'orifice uretéro-vésical est au contraire unique et nettement taillé en sifflet.

Examen microscopique. — L'examen microscopique que j'ai pratiqué sur des coupes que je dois à l'obligeance de M. Dor, chef de laboratoire à la Faculté, m'a permis de constater pour la tumeur opérée les caractères des tumeurs appelées par Virchow, fibrome papillaire. J'ai remarqué en particulier la présence de fentes et de cavités closes contenant des cellules, cavités ayant l'aspect d'alvéoles cancéreuses. Cette disposition décrite par Ernst Küster, in *Sammlung klin. Vort*, 1886 (voir *Revue de chirurgie*, 1886), est attribuée par cet auteur à l'accolement des villosités.

Quant à la *seconde* pièce, elle est manifestement un cancer, et le tissu musculaire est en voie d'envahissement, ainsi qu'en témoignent des alvéoles cancéreuses entourées de ce tissu. En outre, les coupes faites au niveau du point rouge signalé sur la face postérieure de la vessie ont porté sur un amas de cellules qui donnent l'impression d'un nouveau foyer de formation cancéreuse. Muqueuse desquamée sur la tumeur principale.

Examen microbiologique. — M. Dor a également eu l'obligeance de faire des cultures microbiologiques qui ont décelé la présence de la bactérie septique de Hallé et Albarran dans les abcès rénaux.

L'intervention chirurgicale dans le but d'enlever les tumeurs de la vessie, bien que de date récente, est cependant entrée d'une façon définitive dans la pratique chirurgicale, et paraît appelée à rendre les plus grands services.

Lorsque Sabatier publia dans la *Revue de chirurgie*, en 1886, son intéressante revue sur les tumeurs de la vessie, il put réunir 47 observations.

En mai 1889, Pousson continuant ses études sur son sujet de prédilection, réunit 198 observations.

Depuis lors, de nouveaux cas ont été publiés, et j'en donnerai simplement les indications. Ce sont deux cas de Guyon publiés dans les *Annales des maladies des voies urinaires* de 1889 (p. 458), deux cas de Bazy publiés cette année dans la *Médecine moderne*, un cas de Nicolich, publié dans la *Revista veneta di scienze mediche*, 1889 ; cas malheureux, la mort fut causée par un faux mouvement de l'aide, dans lequel le cathéter sortit de l'urèthre, passa dans le cul-de-sac de Douglas et détermina une péritonite mortelle ; un cas de Higguet communiqué à l'Académie de médecine de Bruxelles en janvier 1890 ; un cas de Mac Burney (Société de chirurgie de New-York ; trois cas de Bardenheuer, et un de Vincent. Si j'ajoute à cette série le cas qui m'est personnel, cela porte le chiffre des observations publiées à 210.

Ce chiffre ne tardera pas à être considérablement augmenté, car je suis convaincu que, dans un grand nombre de cas, la nature de la lésion qui détermine l'hématurie passe inaperçue. Cependant, ainsi que l'a indiqué Guyon, les symptômes cliniques de la tumeur vésicale sont le plus souvent très nets et suffisent presque toujours à eux seuls pour faire le diagnostic.

Les deux cas qui me sont personnels présentent à ce point de vue quelque intérêt.

Dans le premier, l'hématurie était dégagée de tout ce qui pouvait en atténuer la valeur (blennorrhagie antérieure, tuberculose, lithiase rénale, cystite et prostatisme). De plus l'hématurie était franchement terminale. Or, l'on sait quelle est l'importance de cette notion pour reconnaître l'origine vésicale de l'hémorrhagie.

Je rappellerai le propos que Thompson prête à un de ses malades : « C'est de la limonade quand je commence et du Porto quand je finis. »

Le mouvement et le repos l'influençaient peu, comme cela se voit dans le cas de calculs. En outre, depuis le jour où l'hématurie avait commencé, sa fréquence et son intensité n'avaient fait qu'augmenter.

Il faut savoir cependant, ainsi que Bazy l'a fait remarquer, que l'hématurie peut être initiale quand la tumeur siège près du col.

Cette hématurie, spontanée, rebelle au traitement, prolongée, pour me servir des expressions de Guyon, est véritablement la caractéristique des tumeurs de la vessie.

J'ajoute que ce symptôme est constant, et les cas de Arshurst, Caudmont, Bennet, Guyon et Vincent (Société des sciences médicales, 1890, ce dernier constitué par un kyste-vésical) sont en réalité des exceptions rares.

Chez nos deux malades, il a suffi pour nous faire poser le diagnostic exact, sans avoir recours au cathétérisme. On sait, du reste, que ce moyen d'exploration ne donne en pareil cas que des renseignements d'une utilité contestable. Avant de pratiquer l'incision, le malade étant anesthésié, j'ai fait l'exploration de la vessie à l'aide de la sonde de Guyon. J'ai pu constater que le bec de la sonde était arrêté en un point, au niveau de la tumeur, en réalité, et que pour achever le mouvement de rotation j'étais obligé de la déplacer dans le sens de la longueur. J'étais renseigné sur la présence d'un obstacle et non point sur sa nature.

A quel procédé de lithotomie convient-il de recourir ? Pour ma part, je n'ai pas hésité à recourir à la taille hypogastrique. C'est la voie préconisée par l'école de Necker. Thompson, au contraire, s'adresse de préférence à la voie périnéale, il paraît cependant s'en détacher peu à peu.

D'abord, l'ablation des tumeurs de la vessie par la cystotomie sus-pubienne n'offre pas plus de danger que par la taille périnéale.

Si l'on s'en rapporte à la statistique de Pousson, on peut voir que sur 126 cas d'ablation de tumeurs de la vessie chez l'homme :

La voie périnéale a été employée   57 fois
La voie sus-pubienne   —   66 fois
Voie inconnue . . . .   —   3 fois

Or, sur 15 décès imputables à l'opération, 9 doivent être attribués à la voie périnéale, et 6 seulement à la voie hypogastrique, qui cependant a été employée plus souvent. D'autre part, l'incision par l'hypogastre ne rend-elle pas possible l'application de tel procédé d'exérése jugé nécessaire au cours de l'opération ? Ne facilite-t-elle pas l'exploration exacte et minutieuse de la totalité de la vessie ?

Le procédé d'exérèse le plus simple est celui qui consiste à arracher la tumeur à l'aide de pinces ou avec les doigts, c'est celui qui fut employé par le Lyonnais Covillard, au dix-septième siècle. Il est seul applicable lorsqu'on aborde le néoplasme par la voie périnéale. Thompson a fait construire dans ce but un arsenal varié de pinces de formes et de dimensions diverses.

Mais l'on conçoit facilement que c'est là un procédé irrégulier, et incomplet dans la plupart des cas. Aussi a-t-on cherché à rendre l'opération plus complète et à prévenir plus sûrement la récidive.

A l'arrachement, on a ajouté le grattage et la cautérisation au fer rouge.

Je me suis contenté de l'arrachement suivi du curettage et de la cautérisation de la surface d'implantation au galvanocautère. Cette méthode m'a paru suffisante, car la tumeur paraissait bénigne, les fibres musculaires de la vessie ne semblaient pas envahies, et cette bénignité apparente ne justifiait pas une opération plus grave.

Dans le deuxième cas, le simple examen de la pièce anatomique montre bien que par la voie périnéale une extirpation rationnelle eût été impraticable. La voie hypogastrique eût montré la nécessité de recourir à un procédé plus parfait que le grattage ou la cautérisation. L'excision au bistouri, seule, en effet, eût été capable d'offrir quelque garantie à cet égard. Ce procédé a été proposé par Bazy qui le jugeait applicable même à la région des uretères.

L'excision de la tumeur, appelée aussi résection, peut s'opérer de dehors en dedans en décollant le péritoine ; cette méthode a été appliquée par Geza von Antal, Guyon, Bardenheuer. Bazy a préconisé la résection de dedans en dehors ; ce n'est en somme qu'un procédé de résection partielle permettant de disséquer la tumeur en se tenant à distance suffisante, et de suturer ensuite la cuvette qui résulte de l'ablation du néoplasme. Guyon insiste beaucoup dans ses cliniques sur la présence d'une couche graisseuse limitante, décrite par Clado, couche graisseuse qui entourerait le néoplasme, lui formerait une barrière et servirait en même temps de guide au chiurgien dans l'opération.

Le procédé de la résection de dehors en dedans est facile à appliquer quand la tumeur occupe la partie antérieure de la vessie ; malheureusement, il est rare de recontrer des néoplasmes dans cette région, et, quand la tumeur occupe les parties en rapport avec le péritoine, cette opération, toute rationnelle qu'elle paraisse, peut devenir l'origine des plus grandes difficultés, en raison des adhérences qu'a pu contracter le péritoine. Si Geza von Antal a pu réséquer ainsi avec succès le tiers de la vessie, en revanche le malade de Guyon a succombé, et, d'autre part, Gilbert Barling (cité par Pousson) a publié dans *The Britisch med. Journal*, 1888, la relation d'une autopsie dans laquelle il essaya, sans pouvoir y parvenir, de détacher la base de la tumeur du péritoine.

Bardenheuer a pratiqué une fois cette résection. Il s'agissait d'un homme de 57 ans atteint d'une tumeur du basfond de la vessie ; il enleva la partie antérieure de la vessie, puis la partie postérieure et le bas-fond. L'uretère gauche ne laissa pas couler d'urine. Le malade mourut d'urémie le quatorzième jour. L'uretère gauche était oblitéré et le rein gauche était le siège d'une hydronéphrose.

Je rappellerai que des expérimentateurs (Gluk, Zell) ont tenté d'extirper la vessie entière en décollant le péritoine et en suturant les uretères au niveau d'une boutonnière faite à l'urèthre, opération qui n'a jamais été pratiquée sur l'homme dans le cas de tumeurs, mais qui a été réalisée deux fois avec succès par Sonnenburg pour l'exstrophie de la vessie.

En somme, depuis le jour où l'on a tenté la cure des néoplasies vésicales, les chirurgiens se sont efforcés de faire des opérations de plus en plus complètes et capables d'assurer la guérison définitive.

L'examen des préparations microscopiques nous faisant voir un noyau cancéreux microscopique en un point éloigné de la tumeur principale, tendrait à faire croire que seule l'ablation complète de la vessie donnerait la certitude d'avoir enlevé tout le mal.

D'autre part, l'opération pratiquée par Bardenheuer, excision de toute la muqueuse vésicale chez un malade atteint de cancer de la région postérieure de la vessie, nous paraît, hormis le cas de tumeurs bénignes disséminées sur toute l'étendue de la muqueuse (il en a publié un cas), une opération irrationnelle. Car on sait que les tumeurs cancéreuses ne sont pas limitées à la muqueuse.

Tous ces procédés ne pourront être mis en œuvre que si la brèche vésicale a été pratiquée au-dessus du pubis.

Mais en réalité, dans bien des cas, ne vaudra-il pas mieux se borner à une opération simplement palliative, et ne conviendra-t-il pas d'assurer par une opération peu grave, une guérison temporaire, quitte à réintervenir plus tard, s'il le faut, plutôt que de recourir à une mutilation dont la gravité est incontestable ?

Pour ce qui concerne le manuel opératoire de la taille elle-même, il me semble que l'on ne saurait mieux faire que de se conformer aux préceptes de l'école de Necker.

Guyon, dans ses Cliniques, signale une erreur qu'il est bon de connaître. Ayant eu l'occasion de pratiquer l'autopsie d'un malade qui succomba peu après une intervention au cours de laquelle il avait cru reconnaître une tumeur de la paroi inférieure de la vessie, il eut la surprise de ne trouver aucune trace de ce néoplasme. Cherchant à reconnaître les causes de cette erreur, il pensa qu'elle était due à ce que la paroi postérieure de la vessie avait été soulevée par le ballon rectal et formait ainsi une saillie qui simulait une tumeur. Depuis lors, l'éminent spécialiste dégonfle et enlève le ballon, sitôt l'ouverture de la vessie pratiquée.

Il faut être prévenu de l'erreur, mais l'on doit aussi, à

mon avis, ne pas se priver dans tous les cas d'un adjuvant fort utile ; quand il ne saurait y avoir de doute sur la présence d'une tumeur, quand il s'agit d'une tumeur faisant une saillie notable et siégeant sur la paroi postérieure, le ballon rectal soulève cette paroi et rend l'utile service de la rapprocher des yeux et des doigts de l'opérateur.

J'ai employé la lumière électrique ; assurément ce mode d'éclairage n'est point indispensable, mais tous ceux qui en ont usé sont unanimes à reconnaître avec quelle perfection vraiment admirable les moindres détails du fond de la vessie peuvent être distingués.

J'insisterai aussi sur la nécessité de faire une opération aseptique et non point antiseptique, car je crois que les douleurs qu'a manifestées mon malade sont attribuables, au moins en partie, à ce que j'avais plongé mes instruments (stérilisés au préalable) dans la solution phéniquée.

Je n'insisterai pas sur les particularités anatomiques de mes deux observations après les détails précédemment mentionnés.

Je ferai cependant remarquer ce fait inattendu, que chez mon dernier malade, les villosités, et elles étaient très fines, très ténues, se montraient sur la tumeur la plus récente, et seulement sur les points les plus jeunes de la tumeur principale.

D'autre part, les lésions de pyélo-néphrite peu prononcées sur le rein, dont l'uretère était voisin de la tumeur, étaient infiniment plus marquées sur le rein dont l'uretère était double ; ce qui prouve que les conditions physiques ne sont pas indifférentes pour la propagation au rein de l'infection vésicale.

J'en arrive maintenant au point qui intéresse le plus le praticien, savoir le résultat de l'intervention.

L'opération elle-même, et ici j'ai en vue les opérations dans lesquelles on s'est contenté de faire la taille hypogastrique ou périnéale suivie de l'exérèse de la tumeur, sans s'attacher à enlever toute la vessie, cette opération n'offre pas une mortalité bien considérable. La statistique de

Pousson (*loc. cit.*) donne 29 °/₀ de mortalité pour les hommes, 17 °/₀ pour les femmes. Mais ici, peut-être plus que dans tout autre cas, il faut savoir, non point se rapporter aux chiffres généraux, mais plutôt analyser chaque cas particulier. En défalquant les cas où l'opération ne peut être réellement incriminée, notamment les cas (ils sont au nombre de 11) où la mort survint non point du fait de l'opération elle-même, mais à la suite de la cachexie urinaire profonde résultant du néoplasme vésical, on arrive au chiffre de 11 °/₀ pour les hommes et de 5 °/₀ pour les femmes.

Les faits postérieurs à cette publication que j'ai pu recueillir ne modifient pas la statistique de Pousson.

L'on peut dire, je crois, que le succès, hormis les cas de tumeurs très étendues, dépend essentiellement de l'état du malade. Au point de vue de l'appréciation des dangers opératoires, l'examen microbiologique des urines, la recherche de la bactérie septique, est appelée à jouer un grand rôle.

En somme, le pronostic n'est pas d'une grande gravité, et d'autre part l'influence si heureuse du traitement opératoire sur les symptômes, hématurie, cystite, rétention, est trop connue pour que j'aie besoin de revenir sur ce point.

Mais cette guérison est-elle définitive. Ainsi que je le disais précédemment, en dehors des néoplasmes bénins il faudra savoir se borner bien souvent à faire une opération purement palliative, quitte à réintervenir de nouveau, s'il le faut.

Car, si la généralisation des néoplasmes vésicaux est exceptionnelle, si les cas de Thompson, celui de Nicolisch (*Rivista veneta di scienze mediche*, 1889) constituent des exceptions, il semble au contraire que la repullulation des tumeurs même bénignes de la vessie soit fréquente. Néanmoins l'ablation des tumeurs de la vessie constitue une opération excellente, et il n'est pas douteux que l'attention étant attirée de ce côté, grâce aux perfectionnements apportés dans le manuel opératoire, la taille hypogastrique pour tumeur de la vessie ne soit pratiquée de plus en plus fréquemment.